NOUVELLES CONSIDÉRATIONS

SUR LE

PERCHLORURE DE FER

ET SUR

le meilleur mode de préparation de cet agent,

PAR

M. BURIN DU BUISSON,

Pharmacien à Lyon.

LYON,

IMPRIMERIE DE REY ET SÉZANNE,

rue Saint-Côme, 8.

—

1853.

NOUVELLES CONSIDÉRATIONS

SUR LE

PERCHLORURE DE FER

ET SUR

le meilleur mode de préparation de cet agent,

PAR

M. BURIN DU BUISSON,

pharmacien à Lyon.

Dans la discussion qui vient d'avoir lieu devant l'Académie de médecine, il a été émis des opinions tellement contradictoires, que cette intéressante question, au lieu de s'éclaircir comme on devait l'espérer, a été véritablement embrouillée. Les médecins et les chirurgiens peuvent éprouver quelque hésitation à l'endroit des vertus thérapeutiques de ce précieux remède ; les chimistes et les pharmaciens ne savent plus quel doit être le meilleur mode de préparation du perchlorure de fer.

Nous croyons devoir rétablir comme elle doit l'être la position du problème, et nous allons, en ce qui nous concerne, aborder les points qui dépendent plus particulièrement de la chimie et de la pharmacie ; pour les autres, nous ferons en passant connaître les résultats généraux de l'expérience des chirurgiens de Lyon, dont les opérations, de notoriété publique, ont été contrôlées par un grand nombre de docteurs.

Vers le milieu de mars dernier, nous préparâmes pour M. le docteur Pravaz la solution de perchlorure de fer qui lui servit à faire, avec MM. Lallemand et Pétrequin, ses expériences sur les animaux, et lorsque M. Pravaz voulut en faire connaître les résultats, il jugea à propos de joindre au travail qu'il adressa à cet effet à l'Institut et à la Société de chirurgie, l'exposé du procédé dont nous nous étions servi pour préparer le perchlorure de fer que nous lui avions livré.

A la fin de mai suivant, M. Pravaz nous engagea à commencer immédiatement *l'étude chimique de l'action du perchlorure de fer sur les principes albumineux du sang*, dans l'espoir qu'en élucidant le côté chimique de la question on pourrait venir en aide aux expérimentations cliniques.

De ce travail seul commence pour nous la responsabilité qui nous appartient à l'égard de la préparation du perchlorure de fer que nous avons pu livrer aux chirurgiens.

M. Malgaigne nous a reproché d'avoir fait nos essais dans des verres à expériences; mais le savant professeur, avec cette bonne foi que nous laissons à chacun le soin d'apprécier, se garde bien de dire que, lorsque nous faisions ces essais, nous étions entouré de chirurgiens et de médecins qui s'étaient donné la mission de les suivre, pour en faire, après constatation, l'expérience sur l'homme même, et qui, si je dois les en croire, sont fort éloignés de se dire aussi téméraires que le prétend M. Malgaigne; car les faits, malheureux ailleurs, se sont prononcés autrement à Lyon.

Qu'on veuille bien me permettre maintenant de reprendre une à une les accusations de M. Malgaigne.

Après avoir parlé des éloges, immérités, suivant lui, qu'un grand nombre de *chirurgiens distingués* ont fait du perchlorure de Lyon, le savant professeur, dans un réquisitoire en forme contre nous, débute par dire : « Que nous « avons plusieurs fois changé la formule de notre perchlo-« rure de fer. » Or, ce premier point est faux, et nous mettons au défi M. Malgaigne de fournir la preuve de ce qu'il avance ; car, bien qu'il ne soit ni chimiste, comme il l'avoue, ni pharmacien, je suppose qu'en sa qualité de docteur en médecine, il est au moins bachelier ès-sciences ; or, à ce titre, il ne peut pas ignorer que remplacer une solution de chlorure ferrique à 45° par une à 30°, ce n'est ni changer ni même modifier le procédé qui a servi pour obtenir le perchlorure de l'une ou de l'autre de ces deux solutions. — Tourmenté de nous voir changer ainsi de *procédé* à tout moment, M. Malgaigne, qui paraît n'avoir qu'un *seul procédé*, lui, lorsqu'il s'agit de répondre à ses adversaires, s'est empressé d'aller demander à M. Soubeiran ce que pensait ce savant pharmacien du *fameux perchlorure de fer* de M. Burin du Buisson. « Il ne vaut rien, m'a répondu « M. Soubeiran (s'écrie M. Malgaigne), *il est détestable ;* « M. Burin du Buisson n'entend rien à la préparation du « perchlorure de fer ; il vous donne du *faux perchlorure* « *de fer.* »

Une telle accusation, formulée en de tels termes, venant d'un juge aussi compétent, serait certainement très grave ; mais d'abord M. Soubeiran a-t-il bien réellement tenu un pareil langage ? Jusqu'à preuve du contraire nous n'en croirons pas un seul mot. — Et en effet, les sels de fer et de manganèse de notre maison se sont acquis déjà depuis quelques années une certaine réputation, même à Paris. Quant à notre perchlorure de fer, à la préparation duquel les plus grands soins sont apportés, il est obtenu à l'aide d'un procédé connu de tous les chimistes, qui consiste à saturer de l'acide hydrochlorique *pur* par un excés d'hydrate de proxide de fer *aussi très pur*, à filtrer la solution que l'on commence à évaporer sur un feu très doux, puis enfin au bain-marie jusqu'à consistance d'*un sirop très épais*; (la solution étant chaude), on ajoute alors un nouvel excès d'hydrate de peroxide pour enlever au liquide concentré tout excès d'acide, et après deux heures de contact; on ajoute peu à peu de l'eau distillée pour amener la solution à 30° Baumé, et l'on filtre.

Ce procédé, que nous soumettons à tous les chimistes, étant suivi par nous avec la plus rigoureuse exactitude, nous ne craignons pas de dire dès ce moment, et avant d'avoir reçu l'avis de M. Soubeiran, qu'il est *impossible* que ce savant professeur ait pu parler comme l'affirme M. Malgaigne.

M. Burin du Buisson, continue M. Malgaigne, « a avancé
« que le perchlorure préparé d'après l'ancienne formule
« était mauvais, parce qu'il contenait de l'acide chlorhydri-
« que; d'après lui, *le bon, le vrai* perchlorure ne doit pas
« déposer. Il a envoyé à la Société de chirurgie un échan-
« tillon du perchlorure de fer préparé d'après la nouvelle
« formule, *du bon, du vrai*, par conséquent; or, il paraît
« que ce perchlorure dépose. Le *vrai* perchlorure n'est
« donc pas déjà très bon. »

Autant de mots, autant d'erreurs ou d'insinuations mal-veillantes ! — Nous défions M. Malgaigne de citer un mot de nous où nous ayons *dit que le vrai perchlorure de fer* ne doive pas déposer. — La solution aqueuse des per-sels de fer, chlorure, azotate et sulfate, on le sait, alors même que la base et l'acide y existent dans les proportions exacte-ment nécessaires pour que le sel soit neutre sous le rapport des équivalents, a toujours une réaction acide, et la solution de ces sels se comporte comme un acide à l'égard du papier de tournesol, qu'elle rougit toujours par conséquent. Or, plus ces sels sont privés d'excès d'acide et plus leurs solutions concentrées tendent à déposer en se divisant en un sous-sel insoluble, qui va s'incruster sur les parois des vases qui les contiennent, et en une solution très limpide mais devenue plus acide. — Donc, plus du perchlorure de fer est bien préparé ou plus il est privé d'excès d'acide, au point de vue théorique où nous sommes placé pour la méthode Pravaz, et *plus il aura tendance à déposer*. — Le *vrai* perchlorure, d'après cela, pour parler le langage de M. Malgaigne, peut et doit même déposer, et nous mettons de nouveau au défi le savant académicien de prouver que nous ayons jamais parlé autrement. Nous voyons bien que M. Malgaigne veut faire allusion à la lettre qui accompagnait notre dernier envoi de perchlorure à la Société de chirurgie, mais toute son habileté ne parviendra pas à y trouver ce qui n'y existe pas.

Il est fâcheux sans doute que les corps qui coagulent le mieux le sang, le perchlorure, le persulfate et le perazotate de fer, aient cette tendance à s'acidifier qui est propre à leur solution aqueuse; mais avec des précautions particulières nous sommes arrivé à obtenir des solutions de perchlorure de fer, *assez exemptes d'acide* si non tout-à-fait neutres, ne déposant que fort peu et seulement après un temps très long. Le dernier envoi de perchlorure adressé par nous à la Société de chirurgie est dans ce cas, et nous avons la certitude qu'il doit avoir moins déposé que le premier.

Du reste, l'inconvénient que nous venons de signaler n'a de la portée que pour les solutions concentrées à 45°; mais il disparaît complètement pour les solutions à 30°, qui peuvent être employées sans aucun inconvénient, soit dans les varices , soit comme hémostatique surtout, alors même qu'elles auraient laissé se former un léger dépôt (1).

« Il est un fait que je dois signaler et porter à la connaissance de tous les chirurgiens, » continue dans son réquisitoire M. Malgaigne : « j'ai *eu* sous les yeux une *espèce de* « *prospectus*, *de placard*, d'affiche, signé BURIN DU « BUISSON, portant la *formule* d'un perchlorure de fer em- « ployé exclusivement, dit le prospectus, dans les hôpitaux « de Paris. Or, il est vrai que pas une seule goutte de ce « perchlorure n'a été employée. »

En notre double titre de pharmacien et de fabricant de produits chimiques, nous sommes commerçant, et à ce titre nous avons, comme tous, le droit d'adresser, soit aux médecins , soit à nos confrères, des circulaires ou des prospectus parlant de nos produits ; et de plus, nous avons le droit, en délivrant un produit spécial, comme le perchlorure, sur l'ordonnance d'un médecin, d'y joindre une note explicative sur son emploi, pourvu que sa rédaction soit convenable et digne. — Mais, en dehors de cela, nous défions encore une fois notre honorable adversaire de prouver qu'il ait jamais vu figurer notre nom dans *une affiche*, *un placard*, pas plus qu'à la quatrième page d'un journal politique. Nous le mettons de même au défi de prouver que nous ayons jamais écrit, adressé ou fait distribuer une circulaire, un prospectus, faisant directe-

______

(1) Aujourd'hui la pratique de l'Hôtel-Dieu de Lyon ne laisse plus de doute à cet égard : M. Valette a opéré avec succès onze à douze cas de varices par les injections de perchlorure de fer (20 à 24 injections) ; M. Desgranges a opéré de même dix-sept à dix-huit cas de varices avec un résultat favorable (50 à 60 injections) ; M. Pétrequin sept à huit cas de varices avec le même succès (12 à 14 injections). Sauf un vieillard , les opérés n'ont pas présenté d'accidents notables, et généralement l'opération a été d'une bégninité des plus satisfaisantes.

ment appel au public , et que nous ayons jamais conseillé de faire usage de tel ou tel moyen curatif sans prendre avant tout l'avis d'un médecin. Loin de là , partout et toujours nous avons écrit le contraire.

Nous avons entendu l'illustre M. Dumas, il y a quelques jours à peine , dire dans un remarquable discours, prononcé par lui à la Faculté des sciences et lettres de Lyon , « que le « pharmacien ne devait pas être un vulgaire marchand de « drogues, mais qu'il devait être avant tout un homme de « science , un chimiste. » C'est la pensée, si vraie, de M. Dumas , qui a toujours été notre guide depuis vingt années dans toute notre carrière et dont nous ne nous sommes jamais départi.

Nous avons dit , il est vrai, en tête de notre prospectus , que le perchlorure de fer de notre maison était employé exclusivement dans les hôpitaux de Paris et de Lyon. Or, le mot exclusivement est peut-être contestable pour ce qui concerne Paris, car nous n'ignorons pas que la pharmacie centrale des hôpitaux n'avait nul besoin de nous pour leur en fournir de fort bien préparé, mais nous n'en avons pas moins de puissantes raisons pour dire que la plupart des chirurgiens de Paris ont fait ou font usage de notre perchlorure de fer comme hémostatique au moins , et ces raisons nous les tenons à la disposition de M. Malgaigne, dans le cas où il serait curieux de les connaître.

Après avoir argumenté contre M. Laugier, l'honorable professeur passe à l'observation de M. Valette, et là on dirait qu'il cherche à brouiller la question à plaisir.

« D'après M. Burin du Buisson, continue le réquisi- « toire, au dire de M. Valette, la dose de perchlorure de « fer doit être de 10 à 12 gouttes par centilitre de sang. Or, « M. Valette en injecte 15. Je ne sais plus en vérité quelle « est la dose définitivement adoptée par M. Burin du Buis-

« son. Il a écrit que 5 gouttes suffisaient pour coaguler un
« centilitre de sang, puis il conseille à M. Valette d'injec-
« ter 10 à 12 gouttes.

Si l'on veut bien prendre la peine de jeter les yeux sur
nos tableaux comparatifs, on y verra que pour coaguler
complètement un centilitre de sang veineux, il faut 7 gouttes de perchlorure de fer à 45° Baumé, et 10 *gouttes* du
même liquide à la densité de 30°.

M. Malgaigne se garde bien de parler des quantités por-
tées dans nos tableaux; mais, fidèle à *son procédé*, en fait
de polémique, et pour nous mettre en contradiction avec
nous-même et avec M. Valette, il va prendre à la *page* 16
de notre Mémoire une phrase détachée, où nous disons que
« sept gouttes de perchlorure ferrique, à *40 ou 45 de-*
« *grés* Baumé, sont nécessaires pour solidifier un centilitre
« de sang veineux; mais comme le fluide sanguin, qui fait
« partie des tumeurs anévrismales est presque toujours
« plus épais, nous croyons que la quantité de 5 gouttes
« (à 45°) peut être admise pour chaque centilitre de sang
« environ dans le traitement de l'anévrisme. » — Or,
comme ces mots : de *40 à 45 degrés* le gênaient, on le
conçoit, pour sa conclusion, M. Malgaigne les supprime, et
tout lui devient alors facile.

Sept gouttes de solution ferrique à 45° sont l'équivalent
de 10 gouttes environ à 30°, répondrons-nous à M. Malgaigne; mais comme il fut constaté que dans l'anévrisme
opéré par M. Valette le sang avait beaucoup moins de consistance que dans les tumeurs anévrismales plus anciennes
et qu'il s'échappait par jet très fort, M. Valette, d'accord
avec tous les chirurgiens qui l'entouraient, jugea à propos
d'injecter quelques gouttes de plus (on sait qu'il s'agit ici
de gouttes données par la seringue Pravaz). Or, ceci était
rationnel, en harmonie avec le principe théorique admis,

et le résultat est venu le confirmer. Quant à nous, nous n'avions nullement à intervenir ici.

M. BURIN DU BUISSON, dit ensuite M. Malgaigne en terminant, et croyant m'achever sans doute, « *n'a-t-il pas* « *voulu se réserver une ressource en cas d'insuccès, tout* « *en s'attribuant l'honneur en cas de réussite?* »

Citer une telle phrase, répéter de telles paroles, après les explications qui précèdent, c'est y répondre, le bon sens public fera le reste.

Lyon, le 25 novembre 1853.

BURIN DU BUISSON.

NOTA. Le jour même où nous adressions les observations qui précèdent à l'Académie de médecine, nous reçûmes une lettre de M. Soubeiran, dans laquelle ce savant professeur déclare laisser à leur auteur la responsabilité des paroles prononcées contre moi devant l'Académie, et il affirme qu'il s'était borné à dire à M. Malgaigne, qui lui demandait si le perchlorure de Lyon était privé d'acide en excès, « qu'il ne savait « pas si le perchlorure de fer avait absolument besoin d'être « neutre pour réussir; mais que, dans tous les cas, celui que « l'on obtenait par notre procédé ne l'était pas. »

Tel est le sens complet et exact de la lettre de l'honorable M. Soubeiran, que nous avons, du reste, textuellement communiquée à l'Académie de médecine.

Maintenant nous demanderons à tous ceux qui suivent cette discussion si nous ne sommes pas en droit de dire à

M. Malgaigne que ce n'est pas notre perchlorure qui *est faux*, mais bien son assertion et sa manière d'argumenter.

En terminant avec M. Malgaigne, nous lui dirons encore que dans la dernière séance de l'Académie il n'a été ni plus juste ni plus heureux à notre égard que dans celles qui l'ont précédée.

Nous lisons en effet, dans le compte-rendu de l'*Union Médicale* (numéro du 1er décembre), ces mots de M. Malgaigne : « J'ai reçu une lettre d'un très honorable praticien « de Lyon, qui contient des renseignements précieux sur « plusieurs faits mal connus, relatifs à la question du trai- « tement des anévrismes par le perchlorure de fer. D'après « cette lettre, il paraîtrait que les chirurgiens de Lyon se- « raient loin de regarder tous d'un œil favorable la mé- « thode du docteur Pravaz. Ainsi, tout au contraire de « M. Burin du Buisson, qui persiste à triompher avec le « fait de M. Barrier, ce chirurgien aurait déclaré lui-même « qu'il avait failli perdre son malade, *et qu'il ne se risque-* « *rait plus à de nouvelles tentatives de ce genre.* »

Or, le même jour, 1er décembre, le Bultin de thérapeuti- que publiait l'observation du savant chirurgien lyonnais, qui se termine ainsi : « Pour moi, je ne suis disposé à recourir « de nouveau à cette méthode que dans deux cas : 1° celui « d'un petit anévrisme, comme dans le cas opéré avec succès « par M. Valette ; *2° celui d'un anévrisme auquel la liga-* « *ture ne serait pas applicable, comme dans le cas de mon* « *malade* (1). »

---

(1) Nous ne sommes pas seul, du reste, qui ayons eu à nous plaindre des attaques passionnées de M. Malgaigne ; pour avoir, en effet, une idée du degré de bonne foi que ce professeur met dans la discussion , il suffit de lire les insinuations malveillantes dont il a usé devant l'Académie de mé- decine à l'égard de M. Pétrequin, et la réponse aussi péremptoire qu'ins- tructive que vient d'y faire le savant chirurgien de Lyon. (*Moniteur des Hôpitaux*, 15 décembre.)

Une telle citation répondant mieux que tout ce que nous pourrions dire, nous n'ajouterons pas un seul mot, et nous aborderons maintenant le côté chimique de la question.

Dans notre travail sur l'action coagulante du perchlorure de fer sur le sang, nous avons été amené a admettre théoriquement la nécessité de n'employer dans l'anévrisme que des solutions de chlorure aussi privées que possible d'acide libre, surtout alors qu'on fait usage de solutions très concentrées. — Pour être conséquent avec notre théorie, nous devions chercher à rendre notre perchlorure aussi neutre que possible. Or, **M.** Soubeiran dit que le perchlorure livré par nous renferme de l'acide libre. Nous répondrons au savant chef de la Pharmacie centrale que nous sommes de son avis, et que de plus nous n'avons jamais dit le contraire; mais nous ajouterons aussitôt que le *très léger excès d'acide* que nous laissons à nos solutions de perchlorure de fer *n'est nullement nuisible* d'une part, avec des solutions à 30° Baumé, et que de plus il est *indispensable* à la conservation du perchlorure.

Nous voyons par le Bulletin de thérapeutique que **M.** Soubeiran emploie, comme nous, le procédé Gobley, c'est-à-dire qu'il sature, comme nous le faisons, de l'acide chlorhydrique pur par de l'hydrate de peroxide de fer également pur. Il commence ensuite l'évaporation de la solution à feu nu, puis il la termine, comme nous l'avons indiqué de notre côté, au bain-marie, en prenant soin d'éloigner les vapeurs aqueuses, et il continue l'évaporation jusqu'à ce qu'une goutte de la solution mise sur une assiette se prenne en masse solide. C'est, en effet, par ce procédé, dû à M. Gobley, et qui nous est très familier, que nous obtenons le *perchlorure de fer cristallisé*, que nous fournissons en assez grande quantité depuis quelques années aux droguistes de Lyon et à plusieurs de nos confrères de la province. Nous ajouterons même que nous appliquons avec succès la précaution indiquée par M. Soubeiran, qui consiste à verser le chlorure chaud dans une assiette huilée, recouverte aussitôt d'une autre assiette lutée avec soin.

Mais pour la préparation de *la liqueur hémostatique du docteur Pravaz*, nous avons cru devoir arrêter l'évaporation au bain-marie, lorsque la solution *chaude* (1) a acquis la consistance d'*un sirop très épais*, et nous saturons alors l'acide qui pourrait encore rester à l'état libre par un excès d'hydrate de peroxide de fer ; après quelques heures de contact on ajoute de l'eau distillée en quantité convenable, et l'on filtre sur un peu d'hydrate ferrique.

Par ce moyen nous obtenons une solution très légèrement acide, il est vrai ; mais elle se conserve bien, et son innocuité a été plus que suffisamment démontrée par l'observation de M. Valette et le grand nombre de varices que l'on opère chaque jour à l'Hôtel-Dieu de Lyon depuis trois mois. Dans le principe nous opérions comme l'indique aujourd'hui M. Soubeiran ; mais, malgré tous les soins employés, lorsqu'on ajoute de l'eau à une solution de perchlorure de fer assez concentrée pour se prendre en *masse solide*, il y a toujours décomposition d'un peu d'eau, formation d'acide chlorhydrique et d'un peu d'oxidochlorure insoluble.

De plus, la solution filtrée et titrée à 45° et même à 30° laisse très promptement alors déposer de l'oxidochlorure et s'acidifie par conséquent ; de telle sorte qu'au bout de quinze jours la solution, préparée comme l'indique M. Soubeiran, est devenue aussi acide que celle obtenue par notre procédé, et, de plus, elle a considérablement déposé, ce qui n'est pas sans inconvénient.

(1) Observons qu'une solution *chaude* de perchlorure de fer ayant la consistance d'un sirop épais se prend en masse par le refroidissement, mais pas en masse tout-à-fait solide, il est vrai.

D'ailleurs le chlorure ferrique sec, préparé par le procédé Gobley, contient encore de l'acide libre; le seul moyen d'avoir un perchlorure chimiquement neutre, c'est de préparer ce produit *par sublimation*, puis de le laisser tomber en *déliquilum* dans un lieu humide. Or, c'est en effet ce que nous avons conseillé dans notre Mémoire (page 14). Mais cette dernière solution, elle-même, se conserve encore moins, on le conçoit, que celle de M. Soubeiran, car elle est neutre ; de telle sorte, que pour nous, ne voyant aucun avantage dans la modification proposée, et y trouvant au contraire des inconvénients, nous continuerons à préparer nos solutions de perchlorure comme nous l'avons fait jusqu'à ce jour, à moins qu'on n'arrive à trouver un autre le moyen d'enlever aux solutions *neutres* de perchlorure de fer leur tendance à s'acidifier en laissant déposer un oxido-chlorure insoluble (1).

Comme le dit fort bien M. Debout, nous croyons que l'essentiel dans le traitement des anévrismes c'est de baisser encore la densité des solutions de perchlorure de fer, et nous venons d'entreprendre à ce point de vue, avec MM. Pétrequin et Desgranges, une nouvelle série d'expériences que nous ferons connaître plus tard.

Lyon, le 16 décembre 1853.

BURIN DU BUISSON.

(1) Dans un article de la *Revue Médico-Chirurgicale* (numéro de décembre dernier), où nous sommes traité par M. Malgaigne avec cette convenance de langage et cette aménité dans la forme, qui, fort heureusement pour ses adversaires, ne sont plus un mystère pour personne, ce

savant professeur affirme que M. Soubeiran et M. Gobley ont déclaré que
« les solutions aqueuses de perchlorure de fer ne doivent pas déposer. »
Nous ne ferons pas l'injure à ces deux savants chimistes d'ajouter la moin-
dre foi à l'opinion que leur prête M. Malgaigne si facilement; car ce fait de
la décomposition partielle des solutions aqueuses de chlorure ferrique, est
depuis longtemps acquis à la science et relaté dans tous les ouvrages de
chimie. Ainsi, par exemple, nous avons là, près de nous, sur le bureau
où nous écrivons ces mots, la *Chimie Générale* de MM. Pelouze et Fremy,
et à l'article Sesqui-Chlorure de fer (vol. 2, page 309), nous lisons ceci :
« La dissolution du sesqui-chlorure de fer, abandonnée à elle-même, laisse
déposer, sous la forme d'une poudre brune, un oxi-chlorure de fer, qui a
pour formule $Fe^2 CL^3 (Fe^2 O^3)^6, 9 HO$.

Nous viendrons donc en aide à M. Malgaigne, en lui expliquant qu'au lieu
du langage qu'il leur prête à tort, M. Soubeiran et M. Gobley ont très certainement entendu dire seulement que la dissolution de l'oxide ferrique
dans l'acide chlorhydrique, évaporée *exactement* comme l'indique M. Gobley pour son procédé pour la préparation du *chlorure ferrique sec*, ne
doit pas laisser déposer d'oxido-chlorure *au moment où on l'allonge
d'eau.*

Ce dernier fait n'est pas exact d'une manière absolue; toutefois nous
devons déclarer que le procédé de M. Gobley, dont nous faisons un usage
fréquent depuis plusieurs années dans notre laboratoire de produits chimiques, ne donne que des quantités insignifiantes d'oxido-chlorure insoluble; tandis que, comme le fait remarquer avec raison M. Soubeiran, dans
son *Traité de Pharmacie* (vol. 2, p. 442), le procédé du Codex en donne
considérablement. — Mais ceci n'a rien de commun avec la conservation
de la solution aqueuse du perchlorure de fer, et n'empêche nullement, au
contraire, que cette dernière ainsi préparée ne laisse très promptement
déposer de l'oxido-chlorure.

Mais pour en revenir à M. Malgaigne, puisqu'il a pris soin de nous dire
qu'il n'entendait rien à la chimie ni à la pharmacie, il nous semble alors
qu'il ferait bien mieux de ne plus en parler.

www.ingramcontent.com/pod-product-compliance
Lightning Source LLC
LaVergne TN
LVHW010110060726
842524LV00006B/2431